I0076785

ÉTUDES

SUR

LA CRISTALLISATION

PAR

M. REYNARD,

Ingénieur en chef en retraite, à Moulins

EXTRAIT DU COMPTE-RENDU DE LA 37ᵉ SESSION DU CONGRÈS
SCIENTIFIQUE DE FRANCE. (INSTITUT DES PROVINCES)

MOULINS

IMPRIMERIE DE C. DESROSIERS.

1872

33669

©

ÉTUDES

SUR LA CRISTALLISATION

Par M. REYNARD,

Ingénieur en chef en retraite, à Moulins.

————

Sommaire.

Je vais faire précéder l'exposé de ces études par
une indication sommaire des objets auxquels je les
ai appliquées et des résultats qu'elles m'ont donnés.
Cette indication rendra, je crois, l'examen de mon
mémoire plus facile et le fera peut-être lire avec plus
d'intérêt.

Suivant les vues des anciens chimistes, les molécules des corps simples, en s'unissant entre elles, formeraient des groupes ou molécules composées, qui,
dans un corps composé solide, seraient unies entre
elles par la cohésion, de la même manière que, dans
un corps simple, sont unies les molécules de ce corps.
Je crois que les faits de la chimie doivent aujourd'hui
faire reconnaître que cette idée n'est pas juste et

qu'en général un composé solide n'est pas une réunion de groupes distincts, mais un assemblage de molécules simples de plusieurs espèces, agissant toutes isolément et arrangées régulièrement de telle manière que l'union soit très-intime et stable.

Le travail que je présente est une étude géométrique des arrangements réguliers qui peuvent ainsi être formés avec des molécules ou points matériels de diverses espèces en proportions simples. Si cette étude donne les faits et les lois de la cristallisation, elle contribuera sans doute à établir ce que je viens de dire ; qu'il faut voir dans un composé solide, non une réunion de groupes ou molécules composées, mais un assemblage unique de molécules simples de plusieurs espèces, en proportions définies.

Les réactions chimiques et les effets de la pile surtout paraissent prouver que, dans les corps, les molécules sont électrisées, les unes positivement et les autres négativement. Je vois dans ces états électriques la principale cause de l'union des molécules.

Quand cette union produit un corps solide, l'arrangement qui se forme est tel que les molécules positives se placent, par rapport aux molécules négatives et réciproquement, de telle manière que les attractions soient prépondérantes et que toutes les molécules se retiennent ainsi mutuellement.

Dans les corps simples l'union peut être attribuée à la même cause, parce que leurs molécules, quoique toutes pareilles, peuvent avoir les unes l'état positif et les autres l'état négatif.

L'arrangement des molécules dans un corps solide,

est nécessairement régulier. La régularité consiste en ce que, dans toute l'étendue du corps, toutes les molécules homologues sont nécessairement placées de la même manière par rapport à celles qui les environnent.

Je démontre que lorsque cette condition de régularité est satisfaite, toutes les molécules et tous les points homologues sont placés sur des lignes droites parallèles de divers systèmes, et que ces lignes parallèles appartiennent elles-mêmes à divers systèmes de plans parallèles.

Les points de plus facile séparation étant, par suite de la régularité de l'assemblage, nécessairement placés partout de la même manière par rapport aux molécules, sont des points homologues de cet assemblage. Ce sera donc suivant des plans parallèles de divers systèmes que la division de la masse pourra se faire, ou que cette masse devra se limiter dans sa formation.

Une partie de corps solide ou assemblage de molécules, compris entre six plans de trois systèmes différents, parallèles deux à deux, formera un parallélipipède (ou prisme suivant le langage des minéralogistes).

Les parallèlipipèdes, ou prismes, qui pourront ainsi être formés, se rapporteront à sept types différents, dont on pourra faire dériver, comme l'on sait, un grand nombre de formes.

Le type auquel appartiendra un corps cristallisé dépendra du mode de l'arrangement de ses molécules. Quand ce mode d'arrangement sera défini, il sera toujours facile de reconnaître à quel type de forme le corps devra appartenir.

J'ai cherché à voir les assemblages qui peuvent se faire entre des molécules différentes assemblées en proportions simples. J'ai fait cette recherche pour les combinaisons binaires indiquées par les formules AM, AM^2, AM^3, A^2M^3 et pour les combinaisons ternaires indiquées par les formules ABM^3, ABM^4 et ABM^6, formules dans lesquelles les molécules A et B sont au même état électrique et les molécules M sont à l'état contraire. C'est à ces formules qu'appartiennent le plus grand nombre des corps de la chimie inorganique, du moins presque tous ceux dont les formes cristallines sont indiquées dans les ouvrages.

J'ai trouvé, pour une même formule, plusieurs modes d'arrangements. Ainsi ceux que jai trouvés pour la formule ABM^4 appartiennent aux trois types du prisme rectangulaire, du prisme à base carrée et du rhomboèdre. Mais je ne puis pas assurer, que, pour une formule, il n'y a pas d'autres modes d'assemblage que ceux que j'ai étudiés.

Je compare les résultats de cette étude avec les faits de cristallisation sur lesquels j'ai pu avoir des indications précises. On verra jusqu'à quel point mes vues se trouvent justifiées.

Pour établir cette comparaison, je n'ai pris que les corps qui ne contiennent pas de l'eau de cristallisation. Au sujet de la formation des corps hydratés, je présente une autre vue.

Tout en refusant de croire que les corps composés sont des unions de groupes ou molécules composées, j'admets cependant que par exception, certains groupes, comme celui du cyanogène et celui de l'ammonium, peuvent garder leur individualité dans les assemblages et s'y comporter comme des molécules simples. J'admets même que c'est là un fait général dans la chimie organique, et que cette chimie est réellement l'étude des corps qui se produisent par des unions de groupes de molécules agissant comme des molécules simples, c'est-à-dire l'étude des combinaisons de second ordre. C'est aussi à des unions de second ordre que je rapporte les cristallisations qui se font avec certaines proportions d'eau. Un corps contenant de l'eau de cristallisation, serait ainsi un assemblage de groupes distincts, formés avec les molécules du corps, et de groupes d'hydrogène et d'oxigène ou groupes d'eau. Les indications que j'ai pu avoir sur les formes des corps hydratés, me paraissent justifier également cette vue.

Conditions de l'union des molécules.

Toutes les actions chimiques paraissent se passer comme si les molécules des corps étaient électrisées, les unes positivement et les autres négativement. Dans l'hypothèse où il en serait ainsi, l'attraction entre les molécules d'électricité contraire serait le lien qui unirait toutes les molécules d'un corps solide. L'union se produirait comme dans l'exemple suivant :

Si l'on a une file de sphères A et de sphères B (*fig.* I), électrisées les unes positivement et les autres négativement, il est clair que cette file de corps formera un système uni et stable, parce que les attractions entre les sphères A et les sphères B seront, à cause du plus grand rapprochement, supérieures aux répulsions entre les sphères pareilles A ou B.

Plusieurs files de ces sphères pourront de même

être réunies en plan (*fig. 2*) et plusieurs de ces plans réunis en solide, parce que les contacts, ou plus grands rapprochements, s'établiront entre les sphères d'électricité contraire.

L'union des molécules dans les corps peut se concevoir d'une manière à peu près semblable. Cependant les molécules ne sont pas de sphères, ou de petits corps qui se touchent : la dilatation et divers autres phénomènes ne permettent pas de l'admettre. Les distances qui séparent les molécules sont peut-être extrêmement grandes par rapport à leurs dimensions (1). Quoi qu'il en soit l'union aurait toujours lieu parce que les molécules d'électricité contraire se disposeraient de manière à se retenir mutuellement, à rendre autant que possible la puissance des attractions supérieure à celles des répulsions et à produire un état d'équilibre stable.

Dans les corps simples, où il n'y a que des molécules d'une espèce, l'union peut se concevoir de la même manière, en admettant qu'une partie des molécules ont l'état positif et les autres l'état négatif. Les faits de la chimie paraissent en effet établir que les mêmes molécules peuvent, suivant les circonstances, avoir l'un ou l'autre état électrique.

Les recherches d'arrangements de molécules que je vais exposer, ont été faites en supposant ainsi que,

---

(1) Je n'examinerai pas ici quelle peut être la cause qui tient ainsi les molécules à distance : cet examen nous détournerait de notre sujet ; mais je le ferai dans un autre mémoire, par lequel je me propose de rendre compte d'autres études sur les actions moléculaires.

dans une combinaison, les molécules sont les unes à un état électrique et les autres à l'état contraire. Si l'on n'admet pas que ce soit là effectivement une condition de la formation des corps, on pourra ne considérer ces recherches que comme des études purement géométriques et spéculatives. Cependant l'accord que l'on y trouvera avec les faits, devra, au moins, être mis au nombre des raisons qui tendent à établir que les corps sont réellement formés de molécules électrisées, les unes positivement et les autres négativement.

Quand on suppose un composé divisé en petits groupes contenant les moindres nombres possibles des molécules de la combinaison, on voit assez facilement la disposition de ces groupes. Ainsi celle d'un groupe ternaire ABM^4, dans lequel les molécules A et B sont supposées à un même état électrique et les molécules M à l'état contraire, aurait la forme (*fig.* 3) d'un octaèdre, dont quatre sommets, formant un carré, seraient occupés par les molécules M et les deux autres par les molécules A et B, qui se placeraient ainsi le plus loin possible l'une de l'autre, à cause de la force de répulsion résultant de leur même état électrique.

Un groupe ABM^6, lorsque de trop fortes répulsions ne le rendraient pas impossible, aurait à peu près la même forme : les six M formeraient un héxagone régulier, au lieu d'un carré.

Un groupe binaire $A^2 M^3$ aurait la forme (*fig.* 4), encore analogue, mais plus régulière (1).

(1) Pour comprendre la stabilité de tels groupements, comme

C'est à peu près de cette manière, je crois, que l'on doit se représenter les groupes indépendants qui constituent les corps à l'état gazeux ou à l'état liquide. Je dis à peu près, car nous serons conduits, comme on le verra plus loin, à admettre des groupes gazeux moins simples que ceux que je viens d'indiquer.

Mais les arrangements des molécules dans les corps qui sont à l'état solide ne se voient pas aussi facilement. Le moindre petit cristal de carbonate de chaux $CaCO_3$, par exemple, est un assemblage régulier d'une quantité innombrable de molécules de calcium, d'autant de molécules de carbone et d'une quantité triple de molécules d'oxigène. Comment ces molécules sont-elles arrangées les unes par rapport aux autres dans ce solide, pourquoi cet arrangement donne-t-il des cristaux appartenant au système rhomboèdrique et comment se fait-il qu'il y a un autre arrangement de ces molécules donnant un autre système de cristallisation, celle du prisme rectangulaire ?

C'est la solution géométrique des problèmes de cette nature que j'ai essayée, en admettant, je le répète, que l'union est due à ce que les molécules sont les unes à l'état positif et les autres à l'état négatif.

Quelque petit que soit un corps solide, un cristal

celle de tous les assemblages que nous examinerons, il ne faut pas perdre de vue, qu'il y a une cause, quelle qu'elle soit, qui maintient les molécules à distance, malgré l'attraction qui devrait amener au contact deux molécules d'état contraire.

dont la forme nous est sensible, ses dimensions sont cependant, pour ainsi dire, infiniment grandes par rapport aux distances qui séparent ses molécules et à celles auxquelles les forces d'affinité peuvent produire des effets d'union. Nous pourrons alors examiner les arrangements des molécules dans l'intérieur d'un corps, sans nous occuper d'abord de ses limites, c'est-à-dire, comme s'il s'agissait d'un assemblage s'étendant indéfiniment dans tous les sens, sauf à voir ensuite comment cet assemblage doit se limiter.

Arrangements dans un plan.

Afin de rendre mes explications plus faciles et plus claires, je vais d'abord les donner brièvement pour le cas de deux dimensions, c'est-à-dire chercher, en premier lieu, les lois des arrangements de points matériels dans un plan.

Considérons un de ces arrangements, par exemple celui de la *figure* 5, qui appartient à la formule ABM⁴, c'est-à-dire dans lequel, il y a quatre points M pour un point A et un point B. En enveloppant par des courbes égales, (ce qui pourra se faire de diverses manières) quatre points M, un point A et un point B voisins les uns des autres, on pourra remplacer l'assemblage de points par un assemblage de figures égales contenant ces points et toutes semblablement placées les unes par rapport aux autres, comme le sont celles de nos étoffes et de nos papiers de tenture.

Je dis que lorsque des figures égales sont ainsi réunies régulièrement, de telle manière que chacune

d'elles est placée exactement dans la même position
par rapport à celles qui l'environnent, tous les points
homologues de ces figures sont sur des lignes droites
parallèles de divers systèmes.

Dans l'assemblage (*fig.* 6), considérons quatre
figures voisines, par exemple, les figures F, F¹ F¹¹¹ et
F¹ᵛ. Puisque par la définition de la régularité de l'assemblage, chaque figure est placée de la même manière par rapport à celles qui l'environnent, la distance $a a'$ doit être égale à la distance $a''' a''^{v}$ et la
distance $a a'''$, à la distance $a' a''^{v}$. Le quadrilatère
$a a' a''' a''^{v}$ est donc un parallélogramme. Les quatre
points $a' a'' a''^{v} a^{v}$ forment un autre parallélogramme,
qui est nécessairement égal au premier : car en considérant les figures F, F', F¹ᵛ et Fᵛ, on a, $a''^{v} a^{v} = a a'$ et
$a' a^{v} = a a''^{v}$. On en conclut aisément que les trois
points a, a' a'' sont en ligne droite. Par la même raison, les points a, a''' a''^{vi} sont aussi en ligne droite, il
en est de même des points a, a''^{v}, a''^{viii} etc.

Il est facile de voir que quels que soient les points
que l'on considérera sur les figures, on aura, non les
mêmes lignes et les mêmes parallélogrammes, mais
des lignes parallèles aux premières et des parallélogrammes égaux : car les distances égales et en ligne
droite $b b'$, $b' b'''$ ne peuvent pas être différentes des
distances égales et en ligne droite $a a'$, $a' a''$ etc ; autrement les différences, en s'ajoutant, finiraient par
produire un écartement des derniers points qui
les empêcherait de se trouver sur la même figure.

Mais dans un assemblage régulier de figures
égales, il n'y a pas qu'un seul système de lignes pa-

rallèles ou de parallélogrammes égaux : il y en a un grand nombre, même un nombre indéfini ; car au lieu de prendre les points correspondants sur les quatre figures F, F^I, F^{III} et F^{IV}, nous pourrions les prendre, par exemple, sur les quatre figures F, F^I, F^{IV} et F^V. Nous aurions ainsi un autre parallélogramme $a\,a^I\,a^{IV}\,a^V$, qui donnerait un autre système de lignes parallèles $a\,a^{IV}\,a^{VIII}$; mais ce second parallélogramme, formé par la diagonale et un côté du premier, est dérivé de celui-ci : les angles et le rapport des côtés de l'un peuvent facilement être calculés en fonction des angles et du rapport des côtés de l'autre. Un troisième parallélogramme peut de même être dérivé du second et ainsi de suite.

Si dans les figures d'un tel assemblage, ou entre ces figures, il y a des points de moindre union, ces points seront des points homologues. Ils seront par conséquent situés sur des mêmes lignes ou sur des lignes parallèles, et s'il se fait une division de l'assemblage, un déchirement du plan, ce sera naturellement suivant ces lignes, et, par conséquent, cette division produira des parallélogrammes semblables à l'un des parallélogrammes élémentaires de l'assemblage, ou pour parler plus exactement, multiples de l'un d'eux.

Cependant la division, au lieu de se faire suivant deux systèmes de lignes seulement, pourra se faire suivant trois, quatre ou un plus grand nombre de ces systèmes. Au lieu de simples parallélogrammes, on aura alors des hexagones, des octogones etc, à côtés plus ou moins longs. Mais ces polygones seront toujours en rapport avec le parallélogramme élémentaire formé en joignant les mêmes points de quatre figures voisines.

Le parallélogramme est donc le type général des arrangements de figures égales dans un plan.

L'on pourrait prendre pour type spécial d'un arrangement déterminé, l'un quelconque des parallélogrammes élémentaires qui pourraient être dérivés les uns des autres ; mais il conviendra, en général, de choisir celui dont les angles approcheront le plus de 90°, ou celui dont la forme sera la plus régulière. On verra alors qu'on aura, le plus souvent, des cas particuliers du parallélogramme, pour types spéciaux à certaines formes que les lignes droites de l'arrangement pourront produire.

Le parallélogramme élémentaire sera très-souvent un rectangle. (1)

Ce rectangle pourra être un carré.

En outre, il arrivera souvent que l'on pourra prendre pour parallélogramme élémentaire un losange formé de deux triangles équilatéraux, losange qui dérive du rectangle dont les côtés sont dans le rapport de 1 à $\sqrt{3}$.

On peut donc admettre quatre types pour les arrangements réguliers de figures égales dans un plan :

Le parallélogramme obliquangle,

Le rectangle,

---

(1) Je fais remarquer que le parallélogramme formé par les diagonales d'un rectangle est un losange, et que réciproquement le losange a un rectangle parmi ses dérivés. On pourrait donc prendre le losange pour le même type que le rectangle.

Le carré,

Le losange à triangles équilatéraux.

De chaque parallélogramme formant le type spécial d'un arrangement, on pourra faire dériver, comme nous l'avons vu, une infinité d'autres parallélogrammes, et la combinaison des côtés de ces parallélogrammes pourra produire, dans l'arrangement, une infinité de polygones différents. Mais je fais observer que, dans le cas où ces combinaisons de lignes seraient faites par la nature, elle y mettrait une régularité qui simplifierait les formes et en diminuerait le nombre. Ainsi dans le cas du carré, elle ne combinerait pas, avec les directions des côtés de ce carré, celle de l'une de ses diagonales seule, mais des couples de lignes parallèles aux deux diagonales. Ainsi elle ne produirait pas une figure de la forme (*fig.* 7), ni même un héxagone comme celui de la *figure* 8, mais bien un octogone de la forme (*fig.* 9), parce qu'il n'y aurait pas de raison pour que la modification du carré eût lieu sur un angle plutôt que sur un autre, suivant la direction de l'une des diagonales, plutôt que suivant celle de l'autre, puisque tout, dans l'arrangement, serait pareil, par rapport à chaque angle du carré élémentaire et par rapport à chacune de ses diagonales.

Puisqu'un assemblage régulier de points matériels différents, situés dans un plan, peut être divisé en figures égales et régulièrement placées, enveloppant chacune un système de points, tout ce que je viens de dire pour des arrangements de figures égales s'applique à des arrangements de points : tous les points homologues se trouveront sur des droites parallèles

2

de divers systèmes, et les polygones qu'on pourra faire avec ces droites, dériveront tous d'un même type de parallélogramme.

Il sera toujours facile, en examinant un arrangement de points, de voir à quel type il appartient.

Si on reconnait que deux des systèmes de lignes sur lesquelles les points homologues devront se trouver sont perpendiculaires, on en concluera que le type de l'assemblage est le rectangle.

Si, suivant denx directions qui seront ainsi à angle droit, tout est semblable, de telle sorte que l'une des directions puisse être prise pour l'autre, le parallélogramme type sera évidemment le carré.

Enfin quand il y aura trois directions (*fig.* 10) faisant entre elles des angles de 120°, suivant lesquelles tout sera exactement semblable, le type sera le losange à triangles équilatéraux ; car en menant, à égale distance d'un même point, deux parallèles suivant deux de ces trois directions, on formera bien un losange de cette espèce, qui sera le parallélogramme élémentaire, quand les parallèles seront menées par des points homologues immédiatement voisins (1).

Comme exemple d'arrangement de points matériels ou molécules dans un plan, étudions celui de la formule AM^2, c'est-à-dire celui de molécules A, que nous supposerons à l'état positif, avec un nombre double de molécules M à l'état contraire, Voyons

(1) En menant des parallèles à égale distance des trois lignes, on formerait l'hexagone régulier. Cet hexagone pourrait être pris aussi pour type de l'arrangement dont il s'agit.

comment des groupes isolés d'une molécule A et de deux molécules M pourront se réunir :

Dans les groupes isolés, les trois molécules doivent être en ligne, la molécule A occupant le milieu et reliant, par son attraction, les deux molécules M qui se repoussent.

Si deux de ces groupes sont en présence l'un de l'autre, les attractions et répulsions pourront les disposer de deux manières : comme en P ou comme en Q (*fig.* 11).

Continuons le système P avec d'autres groupes AM². Nous aurons la disposition de la *figure* 12, qui est la même que celle de la *figure* 13, dans laquelle les groupes composants AM² ne sont plus distincts et qui peut être considérée comme formée de carrés dont les angles sont occupés par des molécules A et les milieux des côtés, par des molécules M.

Nous trouvons ainsi, pour la formule AM², un assemblage qui paraît bien stable et qui appartient évidemment au type du carré.

Poursuivons de même le système d'union Q. Un nouveau groupe A″ M″² arrivant, fera reculer le groupe A′ M′² (*fig.* 14) de telle manière que A se trouvera vis-à-vis le milieu de l'intervalle M″ M′. D'autres groupes arrivant encore, l'assemblage deviendra celui de la *figure* 15, dans lequel les A et les M s'alignent dans trois directions faisant entre elles des angles de 120°. Cet assemblage, qui appartient au type losange à triangles équilatéraux, pourra sans doute être aussi très stable, au moins pour certaines valeurs des actions. On n'y voit plus des groupes AM² distincts, et on peut le considérer comme formé, par une réunion d'hexagones réguliers, dont les angles sont occupés par des molécules M et les centres par des molécules A.

Nous trouvons ainsi naturellement deux types de formes différents, pour un assemblage plan de points matériels ou molécules, dans la proportion d'une molécule d'une espèce pour deux d'une autre : le carré et le losange à triangles équilatéraux.

Si la nature n'avait que deux dimensions, il pourrait donc y avoir au moins deux systèmes de cristallisation pour la formule AM^2.

Arrangements en solides.

Mais il est inutile de nous arrêter aux arrangements plans. Voyons si nous pourrons établir une théorie semblable, en considérant les trois dimensions de l'espace, c'est-à-dire pour des arrangements de points matériels en solide, tels que ceux que produit la nature.

Un assemblage régulier de points matériels ou molécules de plusieurs espèces, dans la proportion indiquée par la formule de la combinaison chimique, pourra toujours, et de plusieurs manières, être remplacé idéalement par un assemblage, également régulier, de petits corps solides égaux, renfermant chacun le système de points représenté par la formule. Ces petits solides seront tous dans la même situation par rapport à ceux qui les entoureront, en sorte qu'entre les points homologues de deux solides voisins, les distances seront partout les mêmes, quand on les prendra dans la même direction. C'est en cela que consistera la régularité d'un assemblage de petits solides.

Je dis que dans un tel assemblage de corps égaux, tous les points homologues de ces corps sont situés sur des droites parallèles de divers systèmes et que ces droites appartiennent elles-mêmes à divers systèmes de plans parallèles.

Soient (fig. 16) a, a^i, a^{ii}, a^{iii}, a^{iv}, a^v, a^{vi} et a^{vii} les points homologues de huit corps égaux, les plus voisins dans trois directions différentes ; celles, par exemple, qui approchent le plus d'être perpendiculaires entre elles.

Par la définition de la régularité de l'arrangement, les distances entre ces points devront être égales, lorsqu'elles seront prises dans les mêmes directions; on devra avoir les égalités,

$$a\,a^i = a^{ii}\,a^{iii} = a^{iv}\,a^v = a^{vi}\,a^{vii},$$
$$a\,a^{ii} = a^i\,a^{iii} = a^{iv}\,a^{vi} = a^v\,a^{vii},$$
$$a\,a^{iv} = a^i\,a^v = a^{ii}\,a^{vi} = a^{iii}\,a^{vii},$$
$$a^i\,a^{ii} = a^v\,a^{vi}$$
$$a\,a^v = a^{ii}\,a^{vii}$$
$$a\,a^{vi} = a^i\,a^{vii},$$

Si deux triangles égaux et juxta-posés, tels que $a^{ii}\,a^{vi}\,a^{vii}$ et $a^{ii}\,a^{iii}\,a^{vii}$, étaient dans le même plan, il est évident que les quadrilatères formés par ces triangles seraient des parallélogrammes et que le solide compris entre les huit points homologues serait un parallélipipède. Mais si les triangles adjacents ne sont pas dans des plans, on aura, au lieu d'un parallélipipède, un dodécaèdre à douze faces triangulaires.

Si dans ce dodécaèdre les lignes sont invariables,

les faces le seront, puisque ce sont des triangles ; mais alors le solide sera aussi invariable, puisqu'il est démontré, en géométrie, qu'on ne peut faire varier un polyèdre sans que ses faces varient. Or avec douze triangles égaux quatre à quatre et disposés comme ils le sont dans la figure, on peut évidemment faire un parallélipipède. Donc le solide compris entre ces faces est un parallélipipède, puisqu'il ne peut pas varier.

Si on considère quatre autres points homologues, appartenant à quatre autres des corps égaux et placés, par rapport aux points a^i, a^{iii} a^v et a^{vii}, comme ceux-ci le sont par rapport aux points a, a^{ii}, a^{iv} et a^{vi} il est clair que ces nouveaux points, avec les quatre points a^i a^{iii}, a^v et a^{vii}, formeront un second parallélipipède égal au premier, et, comme ces deux solides auront une face commune, on voit que leurs faces adjacentes seront dans les mêmes plans et que les arêtes de ces faces qui sont dans le sens horizontal sur la figure, seront en prolongement les unes des autres, suivant des lignes parallèles.

On conclut aisément de là, en considérant de même les parallélipipèdes adjacents dans les autres directions, que les points homologues des divers corps égaux de l'assemblage doivent s'aligner suivant diverses directions et que les lignes parallèles formant ces alignements, appartiennent à divers systèmes de plans parallèles.

Il n'y a pas, dans un arrangement régulier, que trois systèmes de lignes, ou de plans parallèles sur lesquels se trouvent les points homologues des petits corps de l'assemblage ; il y en a une infinité d'autres.

En effet, on voit, par exemple, qu'au lieu de considérer ensemble les huit points a, a^i, a^{ii}, a^{iii}, a^{iv}, a^v, a^{vi} et a^{vii}, on aurait pu (fig. 17) considérer les huit points a, a^i, a^{iii}, a^{viii}, a^{iv}, a^v, a^{vii} et a^{ix}, qui auraient donné un autre parallélipipède. Par conséquent, les lignes aa^{iii}, aa^{viii}, aa^{ix}, etc. sont comme aa^{ii}, par exemple, des lignes, dans le prolongement des quelles, il est certain que doivent se trouver les points homologues des corps que l'on rencontrera en suivant les directions de ces lignes. Mais les divers systèmes de lignes ou de plans dépendent les uns des autres. Tous les parallélipipèdes qu'on peut former, dans un assemblage régulier, avec huit points homologues des corps égaux, dérivent de l'un d'eux, qu'on peut choisir à volonté, par des lois qu'il n'est pas difficile d'établir, mais dont la recherche nous détournerait de notre objet.

Causes et lois de la cristallisation.

Supposons que tous les petits corps de notre assemblage soient unis ensemble par des moyens qui soient exactement les mêmes. S'il y a des points où les liaisons soient plus faibles, ce seront des points homologues qui se trouveront dans des systèmes de plans. Il est évident alors que ce sera suivant un de ces plans que l'assemblage cédera à un effort capable de le désunir, et que la division sera le plus facile suivant les directions qui comprendront le plus de points faibles.

Si un corps solide était une réunion de petits groupes égaux ou molécules composées, contenant

toutes, de la même manière, le même nombre de
molécules simples du corps, ce que nous venons de
dire s'appliquerait directement à cette réunion de
groupes ; mais ce n'est pas ainsi, je le pense, que doit
être considéré, en général, (1), un composé solide.
On doit le regarder comme un assemblage régulier
dans lequel les différentes molécules simples sont
unies individuellement, sans séparation de groupes
et dans lequel, par conséquent, la division en groupes
égaux est arbitraire. Mais comme cette division peut
néanmoins toujours se concevoir, ce que nous avons
établi pour un assemblage de corps égaux, est applicable à un assemblage de points.

Tous les points homologues sont sur des systèmes
de lignes parallèles et ces lignes sont situées elles-
mêmes dans des plans parallèles.

Les points où l'union est faible et de même résis-
tance, étant naturellement des points semblables ou
points homologues, doivent ainsi être situés dans
des plans parallèles. Ce sera par conséquent suivant
des plans parallèles que devra se faire la division de
l'assemblage. Ces plans seront les plans de clivage du
corps.

On conçoit que c'est aussi suivant des plans de son
système d'arrangement, que le corps devra se limiter
dans sa formation, parce que la même cause de limi-
tation existera auprès des molécules semblablement

(1) Je dis en général ; car nous verrons qu'il y a lieu de considérer en outre des unions de second ordre dans lesquelles des
groupes gardent leur individualité et s'unissent comme des molécules simples.

placées et, par conséquent, situées dans un même plan. Ne perdons pas de vue que les distances auxquelles s'exerce l'action moléculaire, étant, pour ainsi dire, infiniment petites par rapport aux dimensions d'un cristal, toutes les molécules homologues d'une de ses faces, à l'exception de celles qui sont extrêmement voisines des arêtes, sont réellement situées de la même manière par rapport à la masse.

Le solide ainsi limité par des plans de son arrangement pourra avoir des formes géométriques très-variées ; mais ces formes pourront toutes être dérivées d'un parallélipipède semblable à l'un de ceux qui seraient formés avec huit points homologues voisins. Si, parmi les différents parallélipipèdes qu'on pourrait ainsi prendre pour types de l'assemblage, on choisit celui qui sera formé par les trois systèmes de plans faisant, entre eux, les angles les plus voisins de 90°, on pourra distinguer sept types, donnant les sept modes de cristallisation de la minéralogie.

Si aucun des trois angles n'est droit, on ne pourra former, avec les trois systèmes de plans, que des parallélipipèdes obliques, ou, pour conserver le langage des minéralogistes, que des prismes obliques à base de parallélogramme obliquangle ;

Si l'un des angles est droit, on pourra former un prisme oblique à base rectangulaire ;

Si deux angles sont droits, on aura un prisme droit à base obliquangle ;

Si les trois angles sont droits, le parallélipipède deviendra un prisme droit rectangulaire.

Ce dernier système pourra en outre présenter trois cas particuliers :

Si tout est semblable suivant deux directions à angles droits, on aura le prisme à base carrée.

Mais si, dans l'un des plans, c'est suivant trois directions faisant entre elles des angles de 120°, que tout est semblable, ce qui arrive fréquemment, comme nous le verrons, on pourra former un prisme droit ayant pour base un hexagone régulier et, par suite, le solide appelé rhomboèdre qui en dérive.

Enfin, si tout est semblable suivant trois directions à angles droits, le parallélipipéde du système d'arrangement, deviendra le cube.

Dans chaque type, en combinant ensemble plusieurs des systèmes de plans qui dérivent les uns des autres et en remplissant, cependant, la condition de symétrie dont j'ai parlé plus haut, la nature produit des formes extrêmement variées. Je ne m'arrêterai pas à l'examen de ces formes, qui est fait dans les traités de minéralogie.

Je fais observer que l'explication que je donne des lois de la cristallisation, est indépendante de la forme que peuvent avoir les molécules simples. Elle ne considère ces molécules que comme des points matériels ou centres d'action. Je crois en effet qu'il ne doit pas être tenu compte de la forme des molécules, quelle qu'elle puisse être, parce que ces molécules étant tenues écartées les unes des autres, à des distances probablement très-grandes relativement à leurs dimensions, doivent être animées de mouvements de rotation rapides, qui permettent de les assimiler à de petites sphères.

Cherchons maintenant comment des molécules différentes peuvent se réunir régulièrement, en certaines proportions, pour former des assemblages dans lesquels elles soient en équilibre stable, et tâchons de voir par là, si les types des formes des corps, sont en rapport avec les formules de combinaison qui représentent leurs compositions.

J'ai d'abord essayé, pour y parvenir, le moyen que nous avons employé plus haut pour voir comment des molécules A pourraient s'arranger dans un plan avec un nombre double de molécules M ; c'est-à-dire que j'ai supposé des groupes formés isolément avec les nombres de molécules donnés par la formule de combinaison et que j'ai cherché à voir comment ces groupes pourraient s'unir pour former des assemblages réguliers ; mais ce moyen direct ne m'a paru facilement applicable que dans quelques cas très-simples. Lorsqu'on essaye ainsi de réunir des groupes de molécules pour en composer une masse en équilibre, on reconnaît que les molécules d'un groupe agissant sur les molécules des autres, les dispositions de ces groupes doivent, en général, être changées, et les changements qu'ils doivent éprouver, paraissent fort difficiles à déterminer.

J'ai eu recours alors à un moyen indirect : j'ai cherché des arrangements de molécules simples de plusieurs espèces, où l'équilibre dût avoir lieu, à cause de la simplicité et de la régularité de l'assemblage, et j'ai déterminé ensuite, d'une part, à quel type de forme cet assemblage se rapportait et, de l'autre, à quelle formule de combinaison il appartenait.

Corps de la formule AM.

Voici, pour premier exemple, le cas le plus simple :

Supposons un assemblage de cubes juxtaposés ; plaçons des molécules M aux angles de tous ces cubes et des molécules A à leurs centres. On voit facilement que les A formeront des cubes égaux aux cubes formés par les M et qu'il y aura ainsi autant de molécules A que de molécules M. Chaque molécule A ou chaque molécule M sera évidemment en équilibre sous les actions de toutes celles qui les environneront, car ces actions seront égales et opposées dans tous les sens. La formule de combinaison sera AM et le type de forme sera le cube.

Ainsi les composés binaires de la formule AM doivent, ou plutôt, peuvent cristalliser dans le système cubique. Je dis peuvent, car nous allons voir qu'un autre type de forme paraît aussi convenir à la même formule.

Les corps simples qui ne contiennent qu'une espèce de molécules, doivent, en général, je crois, être considérés comme formés d'autant de molécules positives que de molécules négatives, parce que cette proportion est la plus simple et la plus favorable à une union intime. Ils appartiendraient alors à la formule AM et devraient cristalliser comme les composés de cette formule. Cependant ils pourraient aussi contenir quelques fois des nombres différents de molécules positives et de molécules négatives et alors appartenir à d'autres formules. C'est probablement ce qui arrive pour certains corps simples, le soufre par exemple.

Considérons un autre arrangement de molécules A et de molécules M. Prénons (fig. 18) un assemblage de triangles équilatéraux dans un plan ; plaçons une molécule M à chaque angle de ces triangles et mettons des molécules A aux centres, mais de deux en deux seulement, par exemple dans tous les triangles dont le sommet est dirigé vers le bas de la figure. Concevons un plan semblable retourné, en sorte que les molécules A seront aux centres des triangles qui auront leur sommet dirigé vers le haut de la figure, et plaçons ce plan au-dessus de l'autre, de telle manière que les molécules A soient au-dessus des molécules M et les molécules M au-dessous des molécules A, comme cela est indiqué sur la figure par des triangles hachés. Supposons une série de plans semblables tournés alternativement dans un sens et dans l'autre et ainsi superposés. Nous aurons un assemblage dans lequel chaque molécule A se trouvera, comme le montre la figure 19, au centre d'une pyramide double formée par cinq molécules M et dans lequel chaque molécule M sera placée de la même manière par rapport aux molécules A. Il est facile de voir que l'équilibre aura lieu pour chaque molécule M ; car dans un plan parallèle à celui de la figure 18, toutes les composantes des actions exercées sur une molécule seront les mêmes suivant trois directions faisant des angles de 120°, et dans le sens perpendiculaire à ce plan, tout sera pareil au-dessous et au-dessus de la molécule. Il y a autant de molécules A que de molécules M et le type de forme est le rhomboèdre. Ce rhomboèdre n'est pas nécessairement un cube, parce qu'il n'y a pas de raison pour que le rap-

port de la distance de deux plans à celle de deux molécules M voisines soit celui pour lequel le rhomboèdre deviendrait un cube.

Ainsi le système cubique, que nous avons d'abord
trouvé pour la formule AM, n'est pas le seul qui con-
vienne à cette formule ; le système rhomboèdrique
lui convient aussi.

On voit très-simplement le dernier assemblage que
nous venons d'étudier, en le considérant comme formé
de files de molécules A et M disposées parallèlement
en hexagones, comme l'indique quelques traits ponc-
tués sur la *figure* 18, et de manière à produire dans
chaque plan la disposition de cette figure.

On aurait encore le rhomboèdre pour la même formule AM, en supposant des plans de molécules M
semblables à celui de la *figure* 18, placés les uns au-
dessus des autres, et des molécules A placées aux
centre de la moitié des prismes triangulaires formés
par les molécules M ; mais cet assemblage me sem-
blerait devoir être moins stable que l'autre, dans lequel l'union paraît plus intime.

Le système cubique est sans doute celui qui convient le mieux aux composés de la formule AM ; car
presque tous cristallisent dans ce système. Cependant il y en a quelques-uns qui cristallisent dans le
système rhomboèdrique, par exemple le sulfure
d'argent $Ag.S$, le sulfure de mercure $Hg.S$, l'eau
$H.O$.

Il y a pour un assemblage régulier des mêmes points
matériels ou molécules, plusieurs modes d'arrangement possibles et stables, de même que, dans un
système de corps soumis à des forces, il y a plusieurs
positions d'équilibres stables, ce que l'on voit, par

exemple, lorsqu'un polyèdre pesant repose sur des
faces différentes. Ce sont sans doute, le plus souvent,
les rapports de grandeur des actions des molécules
les unes sur les autres qui déterminent entre elles un
arrangement plutôt qu'un autre. Cependant le mode
d'arrangement paraît aussi pouvoir dépendre seulement des circonstances de température, de pression
ou autre dans lesquelles le corps se solidifie, puisque
la nature nous présente quelques fois les mêmes
corps cristallisés dans des systèmes différents.

Avant de poursuivre ces études, je fais encore observer que, dans les arrangements que nous considérons, les équilibres paraissent avoir lieu en vertu
seulement des positions relatives des molécules et
indépendamment de leurs distances absolues ; mais
que cependant ces distances ne sont pas indétermi-
nées. On les déterminerait de proche en proche, en
partant des limites du corps, si les lois des actions
étaient connues, au moyen d'équations qu'on établi-
rait entre les forces répulsives et entre les forces at-
tractives. On devrait trouver ainsi des distances va-
riant des limites au centre de la masse ; mais comme
les actions moléculaires décroissent très-rapidement
et peuvent être regardées comme nulles pour les plus
petites distances que nous pouvons apprécier, on
peut admettre que les variations des intervalles moléculaires sont négligeables à de très-petites distances
des limites des corps et qu'au delà, les distances des
molécules homologues sont toutes égales, dans les
mêmes directions. C'est ce que nous supposerons
dans tous les arrangements que nous examinerons
sans nous occuper de ce qui doit avoir lieu auprès
des limites.

Corps de la formule AM².

Considérons maintenant l'arrangement plan de la
figure 20, dans lequel, il y a deux molécules M pour
une molécule A. Cet arrangement est le même que
celui de la *figure* 13 que nous avons examiné plus
haut : on le reconnaît facilement. Concevons une série de plans semblables placés les uns au-dessus des
autres ; mais remarquons que les molécules A ne
resteront pas dans ces plans, où elles seraient en
équilibre instable ; elles se placeront entre deux
plans de molécules M et occuperont les centres des
parallélipipèdes formés par huit de ces molécules,
mais de deux en deux seulement. L'équilibre a lieu
évidemment pour chaque molécule M et pour chaque
molécule A. Le type de forme n'est pas le cube,
comme on pourrait d'abord le croire, mais le prisme
à base carrée ; car la disposition dans le sens vertical, d'après laquelle les prismes contenant des molécules A reposent base à base les uns au-dessus des
autres, ne se voit horizontalement dans aucun sens.

Mais supposons qu'en passant d'un intervalle de
plan à un autre, il y ait alternance, c'est-à-dire que
les parallélipipèdes contenant des A reposent sur
les parallélipipèdes vides de l'intervalle précédent. Il
est facile de voir que nous aurons alors la même disposition dans trois directions à angles droits et par
conséquent que le type de forme sera le cube. Cet
arrangement paraît plus favorable que l'autre à la
stabilité, parce qu'il unit mieux les molécules M et
place les molécules A, qui se repoussent, à de plus

grandes distances. Cependant, rien ne prouve que le premier arrangement ne pourrait pas subsister.

Prenons encore l'arrangement hexagonal plan de la *figure* 15, qui convient aussi à la formule AM^2, et supposons des plans semblables disposés les uns au-dessus des autres. La stabilité nécessitera un glisse-ment vertical des molécules A, qui les placera aux centres des prismes hexagonaux formés par les molé-cules M. Nous aurons ainsi un arrangement où l'équi-libre existera évidemment pour chaque molécule et qui nous donnera le rhomboèdre, comme autre type de forme pour la formule AM^2.

Ainsi nous trouvons pour cette formule les trois types du cube, du rhomboèdre et du prisme à base carrée. Ces trois systèmes de cristallisation sont ef-fectivement suivis par la nature pour des composés de la formule AM^2. L'oxide de cuivre Cu^2O cristallise en cube et le sulfure Cu^2S, en rhomboèdre. L'amal-game d'argent Hg^2Ag cristallise en cube et le chlorure de mercure Hg^2Cl cristallise en prisme à base carrée.

Corps de la formule AM^3.

Formons un assemblage de cubes dont les angles seront occupés par des molécules A, comme celui qui est représenté en projection par la *figure* 21, et plaçons des molécules M aux milieux de toutes les arêtes verticales et horizontales de ces cubes. Les actions réciproques des molécules n'empêcheront pas la forme cubique de subsister, puisqu'elles seront les mêmes suivant trois directions à angle droit. Chaque molécule A ou M sera dans une position d'équilibre stable et il y aura trois molécules M pour une molécule A. Le cube est donc un type de forme qui convient à la formule AM^3.

En étudiant les arrangements ternaires et en faisant $A = B$ dans la formule ABM^6, nous trouverons d'autres types de formes pour cette formule binaire AM^3.

Nous trouverons de même des types de forme pour la formule binaire A^2M^3, en supposant les B égaux aux A dans les arrangements que nous trouverons pour la formule ternaire ABM^3.

Recherchons maintenant les arrangements qui peuvent convenir aux principales formules ternaires.

J'ai fait cette recherche pour les formules ABM et ABM^2; mais comme je n'ai trouvé, dans les ouvrages que je possède, l'indication du système de cristallisation d'aucun corps appartenant à ces formules et que je ne pourrais établir aucune comparaison, je ne crois pas devoir m'arrêter à l'étude des arrangements qui peuvent leur convenir.

Corps de la formule ABM^3.

Supposons que des molécules M soient arrangées, comme dans le plan de la *figure* 22, aux angles de triangles équilatéraux et d'hexagones disposés de manière à avoir les côtés communs. Supposons aussi qu'il y ait une série de plans parallèles semblables placés les uns au-dessus des autres, de manière que les molécules M forment des suites de prismes triangulaires et de prismes hexagonaux. Entre deux de ces plans, plaçons des molécules A aux centres de tous

les prismes triangulaires, aussi bien des prismes dont
les bases sont ombrées dans la figure, que ceux dont
les bases sont blanches, et dans l'intervalle suivant,
plaçons de même des molécules B. Les molécules A
et B sont supposées au même état électrique, l'état
positif par exemple, et les molécules M sont supposées à l'état contraire.

Dans cet assemblage, l'équilibre a lieu évidemment
pour les molécules A et B ; car perpendiculairement
au plan de la figure, tout est égal au-dessus et au-
dessous de chacune de ces molécules, et parallèlement à ce plan, il y a égalité d'action suivant trois
directions formant entre elles des angles de 120°.
Pour les molécules M, on voit facilement que l'équilibre a lieu, dans le plan horizontal, suivant deux directions à angle droit, celle des diamètres des hexagones adjacents et celle de la bissectrice des angles
opposés des deux triangles auxquels appartient la
molécule, puisque des plans perpendiculaires à ces
deux directions diviseraient la masse de telle manière que tout serait exactement pareil de chaque
côté du plan. Dans le sens vertical, l'équilibre de la
molécule n'a pas lieu indépendamment de la hauteur
des prismes contenant les molécules A et de celle des
prismes contenant les molécules B ; mais il devra
s'établir entre ces hauteurs un rapport tel que l'équilibre ait lieu. Ce rapport se déterminerait au moyen
de l'équation qui exprimerait cet équilibre, équation dans laquelle toutes les actions seraient des
fonctions de ces mêmes hauteurs.

Comme parallélement au plan de notre figure, tout
sera exactement pareil suivant trois directions faisant

entré elles des angles de 120°, le type de forme,
d'après ce que nous avons dit, sera le rhomboèdre.

Voyons quelle sera la formule d'union. Chaque
molécule A correspond dans son prisme à six molécules M, mais une molécule M étant commune à quatre
prismes, on aura $\frac{6}{4}$ ou $\frac{3}{2}$ molécules M pour une molécule A et de même $\frac{3}{2}$ molécule M pour une molécule B. La formule de combinaison sera donc ABM³.
Ainsi les composés de cette formule peuvent cristalliser dans le système rhomboédrique.

Il y a une remarque intéressante à faire au sujet
de l'arrangement que nous venons d'examiner. Un
groupe isolé de deux molécules A et B au même état
électrique avec trois molécules M à l'état contraire,
devrait, pour l'équilibre, se disposer comme dans la
figure 23, c'est-à-dire former un petit solide composé
de deux tétraèdres inégaux en hauteur et opposés
base à base. Il est facile de voir que notre arrangement n'est qu'une réunion de solides de cette forme,
comme le montre la projection verticale de la *figure* 22. Chaque triangle ombré de la projection ho-
rizontale de cette figure est la projection d'un solide
ayant la molécule A en dessus et d'une suite indéfinie
de solides égaux, placés les uns au-dessus des autres
et espacés d'une longueur de solide. De même, chaque
triangle blanc est la projection d'une file de solides
pareils renversés, qui sont placés dans les intervalles
des solides droits, de sorte que tous les sommets A
de deux zones consécutives de solides se trouvent
dans un même plan et tous les sommets B dans un
autre. On peut remarquer de plus que l'arrangement
est tel que deux points A et B et trois points M appar-

tenant à cinq solides voisins, forment les sommets
d'un autre solide exactement égal, en sorte qu'il y a
une régularité parfaite d'arrangement et qu'on peut
prendre à volonté un système de solides ou un autre.
L'assemblage peut toujours être considéré comme
formé de groupes qui ont la même disposition que si
ils étaient isolés. Je dis la même disposition, car les
dimensions ne devront pas sans doute rester les
mêmes, parce que, dans le rapprochement, les actions qui s'établiront entre les molécules des groupes
voisins, devront modifier ces dimensions et même
leurs rapports.

Il n'arrive pas toujours que la disposition des
groupes isolés se conserve ainsi dans un arrangement.
Soit (fig. 24), un autre assemblage d'hexagones réguliers et de triangles équilatéraux en nombre double
disposés d'une manière différente de celle que
que représente la figure 22. Les triangles, au lieu
d'être réunis seulement par leurs sommets, sont réunis par leurs sommets et par leurs bases et forment
ainsi des losanges. Supposons qu'il y ait une molécule M à chaque angle et que des plans semblables
soient placés les uns au-dessus des autres, de manière que les molécules M forment des séries verticales de prismes hexagonaux et de prismes quadrangulaires. Mettons des molécules A aux centres des
prismes quadrangulaires et des molécules B aux
centres des prismes hexagonaux. Voyons s'il peut y
avoir équilibre. L'équilibre est évident pour chaque
molécule A ou B. Il existe également pour chaque
molécule M placée dans la position M_0. Pour une molécule M placée dans la position M_1, il a bien lieu per-

pendiculairement au plan de la figure et parallélement, dans la direction XY ; mais il n'a pas lieu suivant la ligne UV, parce que dans cette direction, il n'y a pas même disposition de chaque côté d'une molécule M_1. Cependant comme toutes les forces qui agiront suivant UV, ou seront projetées sur cette ligne, seront des fonctions des distances x et y de deux molécules M_1 voisines, le rapport de ces distances se réglera de telle manière que l'équilibre aura lieu. La projection de l'arrangement prendra alors une disposition semblable à celle de la *figure* 25, dans laquelle les côtés adjacents M_1M_1 des hexagones et des triangles ne seront plus égaux entre eux ni aux côtés inclinés de ces polygones.

On voit facilement que dans ce cas la forme type de l'arrangement sera le prisme droit à base de rectangle.

Pour reconnaître quelle est la formule de combinaison, on remarquera que dans un hexagone de la *figure* 25, quatre des molécules M comptent chacune pour $\frac{1}{3}$, comme étant communes à trois polygones, et les deux autres chacune pour $\frac{1}{4}$ et que dans un losange, deux molécules M ne comptent que pour $\frac{1}{3}$ et deux pour $\frac{1}{4}$; en sorte que pour deux polygones pris ensemble et par conséquent pour une molécule A et une molécule B placées au-dessus, on a $\frac{4}{3} + \frac{2}{4} + \frac{2}{3} + \frac{2}{4}$ de molécules M ou trois molécules M. La formule de combinaison est donc ABM^3, la même que nous avons trouvée dans l'arrangement précédent.

Ainsi le système rhomboèdrique et le système de prisme rectangulaire conviennent l'un et l'autre à la formule de combinaison ABM^3. Je n'ai trouvé les

formes de cristallisation de composés de cette formule que pour sept carbonates. Tous les sept cristallisent dans le système rhomboèdrique; mais trois
d'entre eux cristallisent aussi dans le système du
prisme droit rectangulaire.

Si dans la formule ternaire ABM^3 nous faisons
$A = B$, elle devient la formule binaire A^2M^3. Nous
pouvons, par conséquent, admettre que la forme rhomboèdrique et celle du prisme rectangulaire conviennent à cette formule. L'alumine et les sesqui
oxides de fer, de manganèse et de chrôme cristallisent en effet suivant le premier de ces types de
forme et les composés d'antimoine Sb^2S^3 et $Sb^2.Zn^3$,
suivant le second.

Corps de la formule ABM^4.

Examinons un autre arrangement de molécules A
et de molécules B positives avec des molécules M
négatives.

Prenons (*fig.* 26), un plan formé par un assemblage de carrés ayant une molécule M à chaque
angle et supposons une série de plans semblables
disposés les uns au-dessus des autres. Aux centres
des petits parallélipipèdes carrés et droits formés par
huit molécules M, mais de deux en deux seulement,
plaçons des molécules A suivant une ligne et des
molécules B suivant une autre ligne, en alternant les
rangs, ainsi que le montre la figure. Comme les molécules positives A et B n'auront pas, en général, la
même affinité pour les molécules négatives M, les
parallélipipèdes carrés contenant les A pourront être

plus ou moins rétrécis par l'attraction que les parallélipipèdes contenant les B et la disposition deviendra, par exemple, celle qui est représentée en projection par la *figure* 27.

L'équilibre peut avoir lieu dans un tel assemblage.
Il est évident qu'il résulte de la disposition de l'arrangement pour chaque molécule A ou B ; car chacun des trois plans que l'on ferait passer par une molécule A, par exemple, parallélement à celui de la
figure, et perpendiculairement suivant deux directions à angle droit des files de molécules, diviserait
la masse en deux parties égales, dont les actions se
feraient nécessairement équilibre. Quant aux molécules M, elles seront en équilibre, par la même raison, dans le sens perpendiculaire au plan de la figure.
Dans le plan de cette figure, elles ne le seront pas
indépendamment des grandeurs des forces ; mais
comme toutes les forces agissant sur une molécule
M_0, par exemple, auront, suivant un axe XY, une
résultante qui sera nécessairement une fonction des
distances M_0M_1 et M_0M_2, il pourra s'établir, entre ces
deux distances, un rapport tel que cette résultante
soit nulle, et l'équilibre aura lieu suivant l'axe XY.
Il aura lieu également suivant l'axe UV, puisque tout
est pareil dans les directions de ces deux axes. L'assemblage étant ainsi exactement le même suivant
deux directions à angle droit, mais différent dans le
sens perpendiculaire à ces deux directions, le type
de forme sera le prisme à base carrée.

Mais quelle sera la formule de combinaison, c'est-
à-dire quels seront les rapports des nombres de molécule A, B et M dans cet assemblage ? Une molécule A

étant au centre d'un petit parallélipipède de huit molécules M, on aurait, si ce solide était isolé, huit molécules M pour une molécule A; mais comme chaque molécule M est commune à deux solides contenant chacun une molécule A et à deux solides contenant chacun une molécule B, elle ne doit, par rapport à une molécule A, compter que pour $1/4$. On aura donc alors deux molécules M pour une molécule A et autant pour une molécule B. Par conséquent la formule de l'assemblage est ABM^4.

Ainsi, le système de cristallisation du prisme à base carrée, convient aux combinaisons de la formule ABM^4, dans laquelle les molécules A et B sont supposées au même état électrique et les molécules M, à l'état contraire.

Reprenons notre assemblage de petits parallélipipèdes carrés et droits, dont les angles sont occupés par des molécules M, et plaçons encore des molécules A et B aux centres de la moitié de ces petits parallélipipèdes, mais dans un ordre différent de celui indiqué par la *figure* 26; dans l'ordre indiqué par la *figure* 28, suivant lequel les molécules A et les molécules B alternent dans les rangs parallèles aux côtés des bases. Les actions des molécules A et des molécules B modifieront encore les dimensions des petits parallélipipèdes formés par les molécules M; mais les bases de ces solides ne resteront pas des carrés, parce que, dans le sens de l'une des diagonales de la figure, les molécules A et les molécules B étant en lignes séparées, tandis que dans le sens de l'autre diagonale, elles alternent dans les mêmes lignes, les actions dans ces deux sens ne seront pas les mêmes.

Les bases des parallélipipèdes contenant des A ou des B deviendront des losanges, qui auront entre eux une diagonale égale et l'autre inégale. La disposition deviendra celle de la *figure* 29.

Il est facile de voir que cette disposition convient à l'équilibre. En effet les forces qui solliciteront les molécules A ou les molécules B, s'annuleront suivant trois axes à angle droit, dont deux parallèles aux diagonales de la figure et l'autre perpendiculaire au plan de cette figure ; puisque, dans la direction de chacun de ces axes, tout sera pareil d'un côté et de l'autre de la molécule. Celles des molécules M qui seront dans la position M_0, seront en équilibre par la même raison. Pour celles qui sont dans la position M_1, l'équilibre n'aurait pas lieu indépendamment des distances, suivant la direction XY ; mais le rapport des deux diagonales des losanges pourra s'établir de telle manière que cet équilibre ait lieu, parce que toutes les composantes des actions prises dans cette direction seront des fonctions des grandeurs de ces diagonales.

Dans cet arrangement, le type de forme ne sera plus le prisme à base carrée, mais le prisme droit rectangulaire ; car les dimensions et dispositions seront différentes suivant les deux directions rectangulaires XY et UV.

Cependant la formule de combinaison sera encore ABM^4, puisque nous avons les mêmes nombres de molécules que dans le premier arrangement examiné.

Supposant toujours des plans de molécules M, formant des carrés et des séries de plans semblables disposés les uns au-dessus des autres, au lieu de pla-

cer entre deux plans, des molécules A et des molécules B, soit comme dans la *figure* 26, soit comme
dans la *figure* 28, nous pouvons placer seulement des
molécules A dans un intervalle de deux plans et des
molécules B dans l'intervalle suivant. L'équilibre
pourra encore s'établir. Les distances horizontales
des molécules M résulteront d'une moyenne entre
l'action des molécules A et celle des molécules B, et,
dans le sens vertical, ces actions régleront le rapport
des deux intervalles des plans.

Par cet arrangement, nous trouverons encore le
type du prisme à base carrée pour la formule ABM^4.
Mais ici on pourra remarquer une disposition semblable à celle sur laquelle nous avons appelé l'attention au sujet de l'arrangement rhomboédrique de la
formule ABM^3. On reconnaîtra, dans l'arrangement
dont il s'agit, un assemblage de groupes semblables
au groupe isolé que quatre molécules M négatives
formeraient avec une molécule A et une molécule B
positives et qui est représenté par la *figure* 3;
groupes dont la moitié seraient dans une position
renversée.

Enfin, considérons encore un arrangement de
prismes hexagonaux réguliers, aux angles desquels
seront placées des molécules M et qui résulteront de
plans semblables à celui de la *figure* 15, disposés
les uns au-dessus des autres. Mettons des molécules
A aux centres des prismes entre deux plans, des molécules B entre les deux plans suivants et ainsi de
suite. Il est facile de voir que l'équilibre aura lieu
pour chaque molécule A, B et M, parce que, perpendiculairement au plan de la figure, tout sera pareil

au-dessus et au-dessous de chaque molécule et que, parallélement à ce plan, chaque molécule sera sollicitée également suivant trois directions faisant entre elles des angles de 120°.

Dans ce cas, l'assemblage donnera directement le prisme hexagonal et aura pour type le rhomboèdre, d'où dérive ce prisme.

Quelle sera la formule de combinaison? Dans chaque prisme, une molécule A correspond à douze molécules M, mais chaque molécule M appartenant à la fois à six prismes, on n'a que deux molécules M pour une molécule A. On a de même deux molécules M pour une molécule B. La formule de combinaison est donc encore, dans ce cas, ABM^4.

Ainsi, nous trouvons que les composés de la formule ABM^4 peuvent cristalliser suivant les trois systèmes, du prisme rectangulaire, du prisme à base carrée et du rhomboèdre.

Sur dix-sept corps de la formule ABM^4, dont j'ai trouvé les formes dans les ouvrages de chimie ou de minéralogie, douze appartiennent au système du prisme rectangulaire, trois au système du prisme à base carrée, un au système rhomboédrique et un à un système oblique.

Corps de la formule ABM^6.

Si dans l'arrangement de la *figure 22*, qui convient à la formule ABM^3, au lieu de mettre les molécules A et les molécules B aux centres des prismes triangulaires formés par les molécules M, nous les plaçons aux centres des prismes hexagonaux formés

par les mêmes molécules, nous aurons encore
un assemblage en équilibre, appartenant au système rhomboédrique ; mais qui se rapportera à
la formule ABM^6, car le nombre des prismes hexagonaux n'est que moitié de celui des prismes triangulaires. Cependant cet arrangement ne serait peut-être
pas stable, parce que les molécules M s'y trouveraient
plus rapprochées entre elles qu'elles ne le seraient
des molécules de signes contraires A et B ; mais l'on
peut concevoir un autre arrangement appartenant au
même type de forme et à la même formule.

Prenons toujours la disposition de la *figure* 22. Si
entre deux plans, nous ne plaçons des molécules A
que dans les prismes qui correspondent aux triangles
ombrés et, dans l'intervalle suivant, des molécules B
que dans les prismes correspondant aux triangles
blancs, en sorte que les prismes superposés soient
alternativement vides ou occupés par une molécule
positive, nous aurons encore un assemblage en équilibre (*fig.* 30), qui différera un peu de celui de la *figure* 22, parce que les actions des molécules A et des
molécules B n'étant pas les mêmes, les triangles
blancs ne devront pas être égaux aux triangles ombrés. Le rapport de ces actions déterminera celui des
côtés de ces triangles. Nous aurons ainsi, pour la formule ABM^6, un arrangement qui paraît bien stable et
qui appartient au type rhomboèdre.

Nous aurons aussi, pour la même formule ABM^6, le
type du prisme rectangulaire, si dans l'arrangement
des *figures* 24 et 25, qui nous a donné ce type pour la
formule ABM^3, nous mettons, entre deux plans, des
molécules A seulement dans les prismes quadran-

gulaires et, dans l'intervalle suivant, des molécules B seulement dans les prismes hexagonaux.

Les types du rhomboèdre et du prisme rectangulaire peuvent ainsi convenir l'un et l'autre à la formule ABM^6, comme à la formule ABM^3. Je n'ai trouvé, dans les ouvrages de chimie, que quatre corps se rapportant à la formule ABM^6 dont le système de cristallisation soit indiqué : les azotates de soude et de chaux, qui cristallisent en rhomboèdre, l'azotate de manganèse, dont la forme appartient au prisme rectangulaire, et l'azotate de potasse, qui a les deux systèmes du rhomboèdre et du prisme rectangulaire.

En faisant $A = B$ dans la formule ABM^6, nous avons la formule AM^3, à laquelle conviendraient par conséquent la forme rhomboédrique et celle du prisme rectangulaire. Nous avons vu directement que le cube convient aussi à la même formule. La silice SiO^3 appartient à cette formule. Elle cristallise en rhomboèdre. L'acide arsénieux AsO^3 cristallise dans le système cubique et dans celui du prisme rectangulaire ; mais les cristaux de l'orpiment AsS^3 paraissent dériver du prisme oblique.

Comparaison avec les faits et conséquences de la théorie.

Les recherches que j'ai faites sur des arrangements de points matériels ou molécules de plusieurs espèces, se sont bornées à celles que je viens d'exposer. Elles me paraissent s'appliquer assez complétement aux faits de la nature ; car, en mettant à part les composés qui contiennent de l'eau de cristallisation, composés au sujet desquels je présenterai plus loin d'autres vues, je n'ai trouvé, dans les ouvrages de chimie et de minéralogie, des indications de forme que pour un petit nombre de corps appartenant à des formules autres que celles dont nous nous sommes occupés. La plupart de ces corps présentent d'ailleurs une composition compliquée de plus de trois espèces de molécules, dont les arrangements seraient très-difficiles à voir.

Avant de déduire quelques conclusions des résultats de ces études, je crois utile de mettre ces résultats en regard des faits. Le tableau suivant présente les types de forme que j'ai trouvés pour diverses formules de combinaison et ceux qui appartiennent effectivement aux composés de ces formules dont les formes sont indiquées dans les ouvrages que j'ai pu consulter.

FORMULES	CORPS CRISTALLISÉS.	TYPES de forme réels.	TYPES de forme théoriques.

1° Composés binaires.

FORMULES	CORPS CRISTALLISÉS.	TYPES de forme réels.	TYPES de forme théoriques.
	Nous supposons que les corps sim- ples doivent être rapportés à la formule binaire A+A , qui est la même que la formule AM.		
	Phosphore, bore, silicium, car- bone, fer, cuivre, bismuth, anti- moine, argent, or.	Cube.	
	Arsenic.	Rhomboèdre.	
	Soufre.	Prisme rectangu- laire et prisme oblique.	
AM	Chlorure de sodium, id. d'ar- gent, bromure de sodium, iodure de potassium, id. de sodium, fluo- rure de calcium, sulfure de plomb, id. de zinc, id. d'argent, arséniure de cobalt, alliage de zinc et d'anti- moine.	Cube.	Cube et Rhomboèdre.
	Eau, tellure de plomb, sulfure de mercure.	Rhomboèdre.	
	Chlorure de potassium, bromure de potassium.	Cube et prisme rectangulaire.	
	Iodure de mercure.	Prisme à base car- rée et prisme rec- tangulaire.	
AM²	Protoxyde de cuivre, amalgame d'argent.	Cube.	Cube rhomboèdre et prisme à base carrée.
	Sulfure de cuivre, sulfure de mo- lybdène.	Rhomboèdre.	
	Chlorure de mercure.	Prisme à base car- rée.	
	Sulfure de fer.	Cube et prisme rectangulaire.	
	Peroxyde de manganèse	Prisme rectangu- laire.	
AM³	Acide stannique et acide tita- nique.	Prisme à base car- rée et prisme rec- tangulaire.	Cube rhomboèdre et prisme rectangu- laire.
	Sulfure d'arsenic.	Prisme oblique.	
	Quartz.	Rhomboèdre.	
	Acide arsénieux.	Cube et prisme rectangulaire.	
	Orpiment.	Prisme oblique.	
A²M³	Alumine, sesquioxide de fer, id. de manganèse, id. de chrome. . . .	Rhomboèdre.	Rhomboèdre et prisme rectangu- laire.
	Sulfure d'antimoine, alliage de zinc et d'antimoine.	Prisme rectangu- laire.	

FORMULES	CORPS CRISTALLISÉS.	TYPES de formes réels.	TYPES de forme théoriques.

2° Composés ternaires.

FORMULES	CORPS CRISTALLISÉS.	TYPES de formes réels.	TYPES de forme théoriques.
ABM^3	Carbonate de magnésie, id. de fer, id. de zinc, id. de strontiane.	Rhomboèdre.	Rhomboèdre et prisme rectangulaire.
	Carbonate de chaux, id. de plomb, id. de baryte	Rhomboèdre et prisme rectangulaire.	
ABM^4	Sulfate de potasse, id. de soude, id. de chaux, id. de baryte, id. de strontiane, id. de plomb, id. d'argent. Séléniate de potasse, id. de soude, id. d'argent, manganate de potasse, chromate de potasse. . .	Prisme rectangulaire.	Rhomboèdre, prisme à base carrée et prisme rectangulaire.
	Molybdate de plomb, tungstate de chaux, id. de plomb	Prisme à base carrée.	
	Azotite de soude	Rhomboèdre.	
	Chromate de plomb	Prisme rectangulaire oblique.	
ABM^6	Azotate de soude, id. de chaux.	Rhomboèdre.	Rhomboèdre et prisme rectangulaire.
	Azotate de manganèse	Prisme rectangulaire.	
	Azotate de potasse	Rhomboèdre et prisme rectangulaire.	

Sur les 76 corps qui sont portés dans ce tableau et dont j'ai pu trouver les formes, il y en a onze qui appartiennent à des systèmes de cristallisation autres que ceux qui m'ont été donnés par mes études d'arrangement.

Le soufre, corps simple, cristallise en prisme rectangulaire et en prisme oblique ;

Les sulfures d'arsenic $As\ S^2$ et $As\ S^3$, en prismes obliques ;

L'iodure de mercure Hgl, en prisme à base carrée et en prisme rectangulaire ;

Le péroxide de manganèse $Mn\ O^2$, en prisme rectangulaire ;

Le chromate de plomb $Pb\,Cr\,O^4$, en prisme oblique ;

Les chlorures et bromure de potassium $K\,Cl$ et $K\,Br$ et le sulfure de fer $Fe\,S^2$ cristallisent en cube, ce qui s'accorde avec mes études, mais aussi en prisme rectangulaire, forme que je n'ai pas trouvée pour leurs formules ;

Les acides stannique et titanique $Sn\,O^2$ et $Tn\,O^2$ cristallisent bien en prisme carré, mais aussi en prisme rectangulaire.

Ces anomalies peuvent s'expliquer par cette simple observation, que mes études m'ont bien donné des types de forme qui peuvent convenir à des formules de combinaison, mais n'ont pas établi que d'autres formes ne peuvent pas convenir aussi aux mêmes formules. Cependant les formes anormales que présentent le soufre et les sulfures d'arsenic, me paraîtraient plutôt devoir être attribuées à ce que les formules de ces corps seraient moins simples qu'elles ne le paraissent, à ce que les molécules de soufre y seraient en partie à l'état positif et en partie à l'état négatif. Les états allotropiques que présente le soufre et qui doivent, je crois, s'expliquer par des variations dans les proportions de ses molécules positives et de ses molécules négatives, me semblent rendre cela probable.

Au reste la pluralité des types de formes qui, aussi bien d'après ma théorie que d'après les faits, peuvent convenir aux mêmes formules de combinaison, ôte, je le reconnais bien, presque toute valeur aux concordances plus ou moins complètes que présente le tableau qui précède ; car on peut dire qu'elles sont dues à ce que tous les types de forme conviennent peut-être, en réalité, à une même formule de combinaison. Il me semble toutefois que l'accord seul de ma théorie sur cette pluralité des types de forme pour une même formule, et souvent pour un même corps, a une assez grande importance, parce qu'il éclaire sur la manière d'être des molécules dans les corps cristallisés. Si les formes des cristaux tenaient à celles des molécules simples ou composés qui s'unissent, les mêmes corps ne devraient pas avoir plusieurs systèmes de cristallisation, parce que les formes des éléments devraient toujours déterminer le mode de juxtaposition de ces éléments. La possibilité de plusieurs systèmes de forme se voit bien au contraire, comme je l'ai montré, s'il ne s'agit que d'arrangements de molécules simples tenues à distance, molécules qui agissent alors comme des points matériels, parce que les mouvements de rotation dont elles sont animées, en rendent les formes indifférentes, pour l'assemblage.

Si les faits montrent que plusieurs types de forme conviennent à des corps de même formule chimique, ils montrent aussi qu'il y a cependant, pour chaque formule, un type qui paraît lui convenir plus spécialement, comme le cube pour les corps simples et les composés de la formule AM, le rhomboèdre pour les composés de la formule ABM^3 et le prisme rectangulaire pour ceux de la formule ABM^4. Les arrangements qui nous ont donné ces types pour les mêmes formules, semblent être, en effet, ceux dont l'établissement est le plus naturel et le plus facile.

Puisqu'un même type de forme convient à diverses formules ; que le rhomboèdre par exemple convient à toutes les formules dont nous nous sommes occupés, le type de forme a peu de valeur comme indication de la composition des corps ; mais les formes secondaires ou dérivées doivent en avoir beaucoup plus, parce qu'elles précisent mieux de quel arrangement il s'agit. Quand elles sont les mêmes, elles indiquent qu'on doit avoir affaire à de mêmes arrangements. Deux corps formés, en mêmes proportions, de molécules ayant des actions réciproques à peu près égales, doivent naturellement appartenir à des assemblages semblables, présentant les mêmes facilités de division suivant certains plans, et produisant par conséquent les mêmes formes de cristaux. Cela explique l'importance de l'isomorphisme, qui ne doit pas consister seulement dans le système de cristallisation, mais dans la forme effective.

Les vues que j'ai présentées sur les arrangements des molécules dans les corps, prouveraient bien, si elles sont vraies, que l'ancienne théorie chimique qui considérait les sels, par exemple, comme des unions secondaires de molécules composées acides et de molécules composées basiques, n'est pas admissible et qu'il faut voir, dans un sel, un assemblage ternaire de molécules d'oxigène avec des molécules de deux autres corps simples ; car si un sel était l'union de molécules composées acides et de molécules composées basiques en même nombre, conservant leur individualité, il appartiendrait à une combinaison binaire de la formule AM et devrait, en général, cristalliser dans le système cubique. Les sels doivent être considérés comme des combinaisons ternaires et les actions, soit entre les acides et les bases, soit entre les sels, et les acides ou les bases, ou même les corps simples, s'expliquent comme des doubles décompositions. Cette manière de voir, qui est maintenant, je crois, celle de tous les chimistes, serait ainsi justifiée par mes études. Je fais remarquer, toutefois, que ce n'est pas entre des corps solides et cristallisés que les échanges des molécules peuvent se faire : il faut, pour qu'ils aient lieu, que les assemblages soient divisés en petits groupes des mêmes nombres de molécules, c'est-à-dire que les corps soient dissouts ou liquéfiés.

J'appelle encore l'attention sur un fait qui me paraît important. En mettant toujours à part les corps qui contiennent de l'eau de cristallisation, je n'ai trouvé, parmi les corps de formule ternaire simple dont j'ai vu le type de forme indiqué, que cinq corps ou sels qui n'appartiennent pas aux formules ABM^3, ABM^4 ou ABM^6 ; l'aluminate de zinc $Zn\ Al^2\ O^4$, le spinelle $Mg\ Al^2\ O^4$, le fer chromé $Fe\ Cr^2\ O^4$, le perchlorate de potasse $K\ Cl\ O^8$ et le permanganate de potasse $K\ Mn\ O^8$. Les trois premiers cristallisent dans le système cubique et les deux autres, dans le système du prisme rectangulaire. Mais il n'y a, dans les ouvrages que j'ai pu consulter, aucune indication de corps cristallisés appartenant aux formules plus simples ABM^5 ABM^7. Cela n'indique-t-il pas, sinon une impossibilité d'assemblage régulier dans les proportions représentées par ces formules, au moins l'importance de certains rapports pour les arrangements des molécules, c'est-à-dire pour la facilité de la cristallisation des corps ? Aucun des arrangements simples que nous avons étudiés, ne nous a conduits à ces formules.

La nature semble rejeter les proportions qu'elles indiquent. Quand on fait agir l'acide hypoazotique $Az\,O^4$, sur un oxide RO, l'acide au lieu de s'unir à l'oxide pour former un sel $RAz\,O^5$, se divise en acide azoteux $Az\,O^3$ et en acide azotique $Az\,O^6$, pour former un azotite $R\,Az\,O^4$ et un azotate $R\,Az\,O^6$. Cet exemple ne montre-t-il pas que les résultats d'une action dépendent de la possibilité ou de la facilité d'un arrangement régulier des molécules ?

Unions de second ordre.

En refusant de voir dans des combinaisons très-stables, telles que les principaux sels de la chimie inorganique, des unions de molécules composées acides et de molécules composées basiques, gardant leur individualité dans l'assemblage, je suis loin de croire qu'il n'y ait pas certains groupes de molécules qui conservent leur groupement propre dans les unions et se comportent alors comme des molécules simples. Je pense que cela n'est pas douteux, par exemple, pour le groupe $Az\,H^4$, auquel on a donné le nom de molécule d'ammonium. Ce groupe remplace évidemment une molécule simple de métal dans un grand nombre de composés. Ainsi le chlorydrate d'ammoniaque $AzH^3\,HCl$ n'est qu'un chlorure d'ammonium $(Az\,H^4).Cl$, appartenant ainsi à la formule AM. Aussi cristallise-t-il en cube, comme presque tous les composés de cette formule. De même un sulfate d'ammoniaque $AzH^3.SO^3.HO$ n'est qu'un sulfate ordinaire dans lequel la molécule de métal est remplacée par un groupe d'ammonium et sa formule doit être

$(Az\ H^4).SO^4$. Il cristallise en prisme rectangulaire, comme le plus grand nombre des corps de la formule ABM^4.

Dans les composés dont s'occupe la chimie inorganique, ce n'est que par exception que certains groupes jouent ainsi le rôle de molécule simple ; mais dans la chimie organique, c'est-là au contraire un fait à peu près général. Cette chimie est réellement l'étude des combinaisons de second ordre, c'est-à-dire l'étude des corps qui se produisent par des unions de groupes de molécules, groupes qui conservent leur individualité après cette union. Aussi le nombre des corps que cette étude a fait trouver et fera encore trouver, est-il extrêmement grand. Le nombre des corps de la chimie organique devrait, pour ainsi dire, être le carré de celui des corps de la chimie inorganique.

On conçoit que les unions de groupes, ou combinaisons de second ordre, doivent naturellement être moins stables que les unions directes des molécules simples, et doivent tendre à se simplifier et à se transformer en unions de premier ordre. Les faits montrent bien effectivement le peu de stabilité de la plupart des substances organiques.

On conçoit encore que le partage d'un nombre de molécules de diverses espèces en plusieurs groupes entre lesquels il existe une union secondaire, peut s'établir de différentes manières et que les unions qui se font ainsi par des assemblages de groupes, peuvent produire des corps très-différents, avec les mêmes molécules simples. Aussi l'isomérie est-elle très-fréquente dans la chimie organique et des vues

diverses peuvent-elles être présentées sur la manière
de concevoir la composition des corps qu'elle exa-
mine. Je crois que l'étude des formes cristallines devrait être d'un grand secours pour la justification des
vues proposées, en faisant reconnaître à quels arrangements des unions de second ordre pourraient être
rapportées.

Corps hydratés.

C'est aussi, je le crois, à des unions de second ordre
que doivent appartenir les cristallisations qui se font
avec certaines proportions d'eau. Un corps contenant
de l'eau de cristallisation serait ainsi un assemblage
de groupes distincts, formés avec les molécules du
corps, et de groupes d'hydrogène et d'oxygène ou
groupes d'eau. Ces groupes, non-seulement conser-
veraient leur individualité dans l'assemblage, mais
devraient même, je crois, y rester animés de mouvements de rotation propres.

La forme du cristal ne dépendrait plus, dans ce
cas, des proportions des molécules simples qui entre-
raient dans la formule de combinaison, mais de l'arrangement secondaire qui se ferait entre les groupes
du corps et les groupes d'eau, puisque ce serait entre
ces groupes, que pourraient se faire les divisions
planes d'où résulterait cette forme. Elle devrait alors
varier avec la proportion d'eau de cristallisation. C'est
en effet ce qui se remarque.

Mais quelle doit être la composition de ces petits
groupes d'eau qui jouent ainsi le rôle de molécules
simples ? Je pense qu'ils doivent être formés au moins

de huit molécules, quatre d'oxygène et quatre d'hydrogène, car l'existence de groupes $H+O-$, composés de deux molécules seulement, se concevrait difficilement. Ces groupes formeraient des assemblages linéaires animés de mouvements de rotation dans tous les sens, ou des systèmes de deux molécules tournant l'une autour de l'autre, comme deux planètes. Cela me semble difficile à admettre. Des groupes $(H+)^2(O-)^2$, composés de quatre molécules, deux positives et deux négatives, ne se concevraient guère mieux ; car les actions mutuelles devraient toujours maintenir les quatre molécules dans un plan. Un groupe $(H+)^4(O-)^4$ a une disposition en solide (fig. 31) qui paraît bien plus favorable à la stabilité : quatre molécules de même signe occupent les quatre sommets d'un tétraèdre régulier et les quatre autres, les sommets d'un second tétraèdre, formant avec le premier un solide à huit sommets. Les deux espèces de molécules sont ainsi bien reliées et très-régulièrement disposées, les unes par rapport aux autres.

Cependant, dans l'eau à l'état de vapeur, les particules séparées dont se compose le gaz, ne doivent pas, je crois, être des groupes H^4O^4, mais des groupes H^8O^8. Comme il est parfaitement établi par les faits que tous les gaz, sous le même volume, contiennent le même nombre de groupes, si les groupes de la vapeur d'eau étaient des systèmes H^4O^4 de huit molécules, ceux de l'hydrogène ne pourraient être que des unions $(H+)^2(H-)^2$ de quatre molécules, qui ne formeraient pas des assemblages disposés en solide. On doit admettre que les particules de l'hydrogène sont des groupes $(H+)^4(H-)^4$, et, par conséquent, que celles de la vapeur d'eau sont des groupes H^8O^8.

La disposition d'un groupe H^8O^8 serait à peu près la même que celle des groupes H^4O^4 ou $(H-)^4(H-)^4$ (*fig.* 31). Sur chaque rayon mené du centre de cette figure à chacun des huit sommets, il y aurait deux molécules au lieu d'une, une molécule H et une molécule O, avec alternance d'un rayon à l'autre, comme cela est représenté, en plan, pour quatre rayons, dans la *figure* 32.

Rien n'empêche toutefois d'admettre la possibilité du dédoublement des groupes H^8O^8, lorsque l'eau s'unit à d'autres corps. Dans les combinaisons de second ordre, les groupes d'eau pourraient alors être soit des groupes H^4O^4, soit des groupes H^8O^8.

Quand un sel est dissous dans l'eau, c'est-à-dire désassemblé à travers des groupes d'eau, il est lui-même divisé en groupes de plus grande stabilité, dont la composition se verrait s'il pouvait être obtenu à l'état de gaz. Si ce sel se précipite seul de la dissolu-tion, ses groupes, en s'unissant, se détruisent pour donner lieu à des cristaux, qui sont des assemblages de molécules simples agissant isolément. Mais il peut y avoir union entre les groupes du sel dissous et des groupes d'eau. Alors, s'il y a cristallisation, c'est un arrangement de second ordre qui se produit, et, comme je l'ai dit, c'est de cet arrangement que résulte la forme du cristal.

Ainsi, quand le chlorure de sodium se dépose seul d'une dissolution, il donne un assemblage de premier ordre de la formule Na Cl, cristallisant en cube ; mais il peut aussi se solidifier avec quatre ou six équiva-lents d'eau et cristalliser en rhomboèdre. Les formules sont alors Na Cl + 4HO, ou Na Cl + 6HO ; mais en multipliant par 4, pour avoir des groupes complets, on peut mettre ces formules sous les formes $(Na^4 Cl^4)(H^8 O^8)^2$ et $(Na^4 Cl^4)(H^8 O^8)^3$. Le sel cristalisé appartient alors à des assemblages binaires du second ordre, de deux ou trois groupes d'eau avec un groupe $Na^4 Cl^4$, dont la disposition peut être la même que celle du groupe $H^4 O^4$ (fig. 31). Ces assemblages se rapportent aux formules AM^2 et AM^3, auxquelles la forme rhomboédrique convient effectivement.

Les aluns, l'alun de potasse, par exemple, $KO.SO^3.Al^2O^3.(SO^3)^3 + 24HO$, considérés comme assemblages de premier ordre, auraient des formules très-compliquées telles que $KAl^2 S^4 H^{24} O^{40}$, pour lesquelles, il serait très-difficile de concevoir un arrangement régulier et d'une régularité assez parfaite pour convenir au système cubique. Mais si l'on considère les aluns comme des assemblages de second ordre, on peut les représenter par des formules semblables à celle-ci $(KAl^2 S^4 O^{16})(H^8 O^8)^3$, indiquant l'union d'un groupe $KAl^2 S^4 O^{16}$ avec trois groupes d'eau $H^8 O^8$ et se rapportant à la formule AM^3, à laquelle convient bien le système cubique de cristallisation. La disposition du groupe $KAl^2 S^4 O^{16}$ se voit facilement. Elle est très-régulière et paraît très-naturelle. La molécule K est au centre d'un octaèdre, dont quatre sommets formant un carré sont occupés par les quatre molécules S et les deux autres sommets, par les deux molécules Al (fig. 33). Par rapport à chaque sommet S, il y a quatre positions semblables qui peuvent être occupées par les seize molécules négatives O, pour relier les molécules positives K, Al et S.

Il y a des sels hydratés dont les assemblages en

union de second ordre ne se voient pas aussi bien. Le sulfate de cuivre a pour formule $CuSO^4 + 5HO$ et celui de zinc $ZnSO^4 + 7HO$. Le premier cristallise en prisme obliquangle et le second, en prisme rectangulaire. En multipliant par 4, on peut, de diverses manières, rapporter ces sels à des formules binaires ou ternaires de second ordre, telles que $(CuSO^4)^4 (H^4O^4)^5$, $(ZnSO^4)^4 (H^4O^4)^7$ ou $(Cu^4S^4O^{16})(H^4O^4) (H^8O^8)^2$, $(Zn^4S^4O^{16}) (H^4O^4) (H^8O^8)^3$, ou encore, en supposant qu'un équivalent d'eau fait partie d'un groupe de sel $(Cu^4S^4H^4O^{20}) (H^8O^8)^2$, $(Zn^4S^4H^4O^{20}) (H^8O^8)^3$, etc. Comme nous l'avons fait observer, quand on admet des unions de second ordre, la division en groupes est souvent ainsi très-indéterminée et peut se prêter à des vues différentes. Cependant la forme cristalline peut alors aider à reconnaître le système de division qu'il convient d'adopter.

J'ai réuni dans le tableau suivant les corps hydratés dont j'ai trouvé les types de forme indiqués. Une colonne de ce tableau donne les divisions de second ordre qui m'ont paru le mieux en rapport avec ces types de forme. Plusieurs de ces suppositions ne paraîtront peut-être pas très-satisfaisantes ; mais je n'ai pas la prétention d'avoir présenté, dans ce mémoire, des vues toutes certaines. J'ai voulu seulement faire connaître les résultats de quelques études sur les arrangements des molécules dans les corps et soumettre à l'examen les idées sur la cristallisation auxquelles ces études m'ont conduit.

COMPOSÉS HYDRATÉS.	TYPES DE LA FORME.	FORMULES CHIMIQUES.	FORMULES PROBABLES D'UNION DE SECOND ORDRE.
Chlorure de calcium	Rhomboèdre	$Ca\ Cl + 6\ HO$	$(Ca^4\ Cl^4)\ ; H^8O^{813}$
Chlorure de sodium	Id.	$Na\ Cl + 4\ HO$ ou $+ 6\ HO$	$(Na^4\ Cl^4)\ (H^8O^8)^2$ ou $(H^8O^8)^3$
Bromure et iodure de sodium	In.	Semblable	Semblable
Alun de potasse	Cube	$KO\ SO^3\ Al^2\ O^3\ (SO^3)^3 + 24\ HO$	$(KAl^2\ S^4O^{16})\ (H^8O^8)^3$
Tous les autres aluns	Id.	Semblable	Semblable
Sulfate de cuivre	Prime oblique.	$CuO\ SO^3 + 5\ HO$	$(Cu\ SO^4)^4\ (H^4O^4)\ (H^8O^8)^2$
Sulfate de fer (couperose)	Id	$FeO\ SO^3 + 7\ HO$	$(Fe\ SO^4)^4\ (H^4O^4)\ (H^8O^8)^3$
Sulfate de zinc	Prisme rectang. oblique.	$ZnO\ SO^3 + 7\ HO$	$(Zn\ SO^4)^4\ (H^4O^4)^3\ (H^8O^8)^2$
Sulfate de magnésie	Prisme rectangulaire.	$MgO\ SO^3 + 6\ HO$	$(Mg\ SO^4)^2\ (H^4O^4)\ (H^8O^8)$
Autre sulfate de magnésie	Id.	Semblable	Semblable
Sulfate de Nikel	Id.	Semblable	Semblable
Séléniate de zinc	Id.	Semblable	Semblable
Sulfate de soude	Prisme rectangulaire.	$NaO\ SO^3 + 10\ HO$	$(Na\ SO^4)^2\ (H^4O^4)\ (H^8O^8)^2$
Sulfate de chaux hydraté	Prisme oblique.	$CaO\ SO^3 + 2\ HO$	$(Ca\ SO^4)^2\ (H^4O^4)$
Biarséniate de potasse	Prisme carré.	$KOAsO^5 + 2\ HO$	$(KAsO^6)^2\ (H^4O^4)$
Arséniate neutre de soude	Prisme rectang. oblique.	$Na^2O^2\ HO\ AsO^5 + 24\ HO$	$(As\ HNa^2\ O^5)\ (H^9O^8)^3$
Phosphate neutre de soude	Id.	Semblable	Semblable
Borate de soude	Id.	$NaO\ (BO^3)^2 + 10\ HO$	$(Na\ BO^4)(HBO^4)(H^4O^4)(H^8O^8)$
Oxalate de potasse	Id.	$KOC^2\ O^3 + HO$	$(KC^2O^4)^4\ (H^4O^4)$
Quadroxalate de potasse	Prisme obliq. obliquangle	$KO\ (C^2O^3)^4 + 7\ HO$	$(KC^2O^4)^4\ (HC^2O^4)^3\ (H^4O^4)$ — Assemblage de 1er ordre.
Acide tartrique	Prisme rectang. oblique.	$C^8\ H^4\ O^{10} + 2\ HO$	$C^4\ H^3O^6$
Malachite	Prisme rectangulaire.	$(CuO)^2\ CO^2 + HO$	$(CuO^4)^5\ (Cu^4O^4)\ (H^4O^4)$
Azurite	Prisme rectang. oblique.	$(CuO)^3\ CO^2 + 2\ HO$	$(CuO^4)^3\ (C^{14}\ O^6)\ (H^4O^4)$

Observation générale.

Tous les résultats d'application de ma théorie que j'ai donnés dans ce mémoire, ont été établis sur les formules de combinaison généralement adoptées par les chimistes ; mais l'on sait qu'il subsiste de l'incertitude sur plusieurs de ces formules. La loi des chaleurs spécifiques semble devoir faire admettre que si l'on considère les équivalents des corps comme représentant les poids atomiques de leurs molécules, ceux de l'hydrogène, de l'azote, du chlore, du brôme, de l'iode, du phosphore, de l'arsenic, du potassium, du sodium et de l'argent, représenteraient les poids de deux molécules de ces corps, en sorte que leurs indices devraient être doublés dans les formules, pour qu'elles indiquassent réellement les proportions des molécules. Si la nécessité de ce changement était admise, les tableaux comparatifs que j'ai donnés, devraient subir quelques modifications.

Ainsi, dans le premier tableau, il faudrait notamment retrancher de la liste des corps cristallisés appartenant à la formule ABM^4, les sulfates et séléniates de potasse, de soude et d'argent et les manganates et chromates de potasse, qui appartiendraient alors à une formule A^2BM^4. Ces corps cristallisent dans le système du prisme rectangulaire. Voici un arrangement qui donne effectivement le prisme rectangulaire pour cette formule.

Supposons que des molécules M soient arrangées dans un plan comme dans la *figure* 34, de manière à former des losanges et des pentagones, que des plans semblables soient placés les uns au-dessus des autres et qu'il y ait des molécules A dans les prismes pentagonaux et des molécules B dans les prismes quadrangulaires, nous verrons facilement que l'équilibre pourra s'établir suivant cette disposition, que la proportion des molécules sera représentée par la formule A^2BM^4 et que le type de forme sera le prisme droit rectangulaire.

Certains groupes du deuxième tableau devraient être disposés autrement que nous l'avons conçu, notamment les groupes de l'eau, dont les formules deviendraient H^8O^4 et $H^{16}O^8$; mais la disposition de ces groupes, avec les proportions indiquées par ces formules, se concevrait tout aussi facilement qu'avec les proportions indiquées par les formules H^4O^4 et H^8O^8 et pourrait même se voir de plusieurs manières. Un groupe H^8O^4 peut être formé de 4H et 4O disposés, comme dans la *figure* 31 et de 4H placés sur le prolongement des rayons menés par les quatre O. On a le groupe $H^{16}O^8$, en partant encore de la disposition de la *figure* 31, en plaçant un H et un O suivant quatre des rayons du solide et un O seulement suivant les quatre autres rayons, mais en disposant en outre trois molécules H auprès de chacune de ces molécules O.

Le groupe $KAl^2S^4O^{16}$, qui, avec trois groupes d'eau, forme l'alun, devient $K^2Al^2S^4O^{16}$. Il se conçoit, sous cette formule, d'une manière toute aussi satisfaisante que sous l'autre, mais cependant un peu différente. On le verra aisément.

En résumé, dans les deux hypothèses, les résultats des comparaisons entre les formes théoriques et les formes réelles, sont peu différents et les conclusions sont les mêmes.

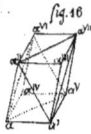

fig.16

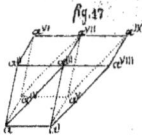

fig.17

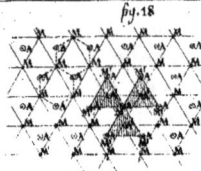

fig.18

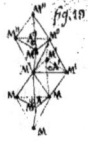

fig.19

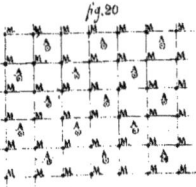

fig.20

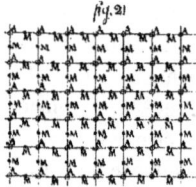

fig.21

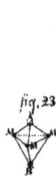

fig.23

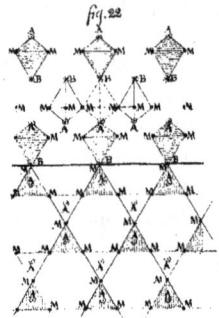

fig.22

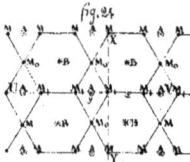

fig.24

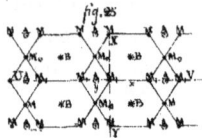

fig.25

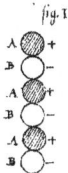

fig. 1.

fig. 2.

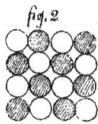

fig. 3.

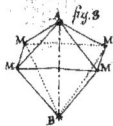

fig. 4.

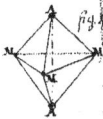

fig. 5.

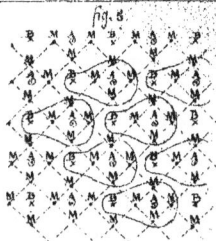

fig. 7.

fig. 6.

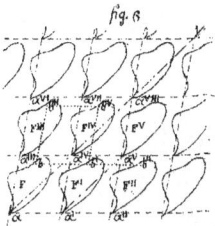

fig. 10.

fig. 12.

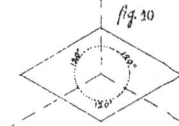

fig. 8.

fig. 11.

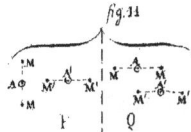

fig. 16.

fig. 13.

fig. 14.

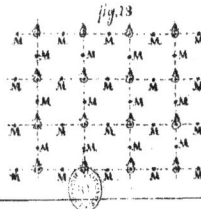

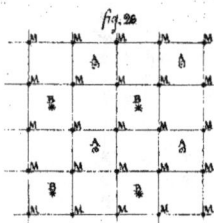

fig.26

fig.27

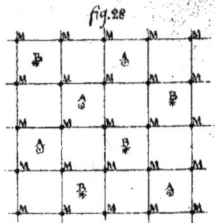

fig.28

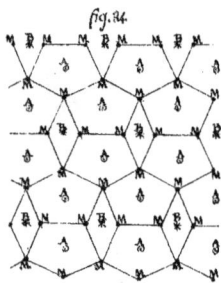

fig.34

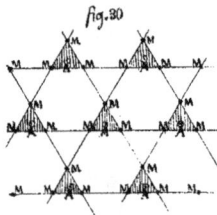

fig.30

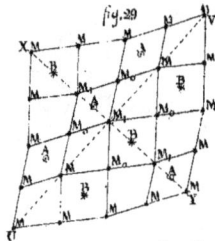

fig.29

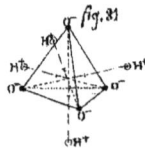

fig.31

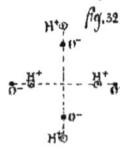

fig.32

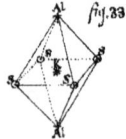

fig.33

www.ingramcontent.com/pod-product-compliance
Lightning Source LLC
Chambersburg PA
CBHW070825210326
41520CB00011B/2124